开放的空间
——北京新公园图片库

马日杰 著

中国建筑工业出版社

图书在版编目（CIP）数据

开放的空间——北京新公园图片库／马日杰著．
北京：中国建筑工业出版社，2010.6
ISBN 978-7-112-12138-0

Ⅰ.①开… Ⅱ.①马… Ⅲ.①公园－简介－北京市－图集 Ⅳ.①K928.73-64

中国版本图书馆CIP数据核字(2010)第095256号

责任编辑：郑淮兵　王　鹏
责任设计：李志立
责任校对：王雪竹

开 放 的 空 间
——北京新公园图片库

马日杰　著
*
中国建筑工业出版社出版、发行（北京西郊百万庄）
各地新华书店、建筑书店经销
北京方舟正佳图文设计有限公司制版
北京方嘉彩色印刷有限责任公司印刷
*
开本：880×1230毫米　1/24　印张：2　字数：72千字
2010年6月第一版　2010年6月第一次印刷
定价：38.00元（含光盘）
ISBN 978-7-112-12138-0
　　（19390）
版权所有　翻印必究
如有印装质量问题，可寄本社退换
(邮政编码 100037)

前言
PREFACE

作为城市文化发展的一项重要内容，城市公园的发展对于市民的休闲生活至关重要。北京市自2001年9月建成皇城根遗址公园开始，陆续建成菖蒲河公园、北京国际雕塑公园、元大都城垣遗址公园、明城墙遗址公园、北二环城市公园、奥林匹克森林公园等大型城市公园，这些大型、开放式、高品位公园多位于城市中心地带，甚至在二环路内，极大地改变了周边环境和城市面貌。

附书光盘包含这几个新城市公园的1100多幅高质量图片，详细介绍公园内外的主要景观和风貌，并利用多媒体技术为您提供更直观的认识和了解。有研究和教学需要时，您还可以将光盘中的图片拷贝使用。

目 录
CONTENTS

皇城根遗址公园…………………………………6

菖蒲河公园………………………………10

北京国际雕塑公园…………………………14

元大都城垣遗址公园…………………………18

明城墙遗址公园…………………………26

北二环城市公园…………………………30

奥林匹克森林公园…………………………42

皇城根遗址公园
HUANGCHENGGEN YIZHI GONGYUAN

　　皇城根遗址公园建在明清北京城的第二重城垣之"东皇城根"遗址上，西邻南北河沿大街，东依晨光街，南起东长安街，北至平安大街，全长2.4km，平均宽度为29m，宛如一条连接紫禁城和王府井商业区的绿色飘带。它以"绿色、人文"为主题，通过塑造"梅兰春雨"、"御泉夏爽"、"银枫秋色"、"松竹冬翠"四季景观，复原小段城墙、展示皇城墙基、点缀雕塑小品及借景等手法体现了历史的发展和文化的进步，在繁华的闹市中营造出清新、景致、飘逸、现代的城市环境。公园于2001年9月11日正式建成开放。

　　公园建设中，选取东安门、五四路口、四合院、中法大学、南端点、北端点等节点，运用恢复小段城墙、挖掘部分地下墙基遗存等手段，再现了北京皇城的历史遗迹，使老北京的历史文脉得以充分展示。公园总体绿化率达到90%以上，共铺设草坪4万m^2，灌木4.4万余株，栽种各种树木植物78种，南北沿线依次种植了银杏、油松、白皮松、元宝枫等常绿树种，并移栽了2000多棵胸径在10cm以上大树及车梁木等珍贵树种。公园内各个节点、广场还摆放了19万盆串红、万寿菊、四季海棠、矮牵牛等红黄色调的应时花卉，并人工设计了10处落差叠泉。

菖蒲河公园
CHANGPUHE GONGYUAN

北京菖蒲河公园位于天安门东侧，开放于2002年9月，总规划面积3.8hm²，规划绿地、水面面积2.52hm²，西起劳动人民文化宫，东至南河沿大街，北起飞龙桥胡同、皇史宬南墙、南湾子胡同等，南至东长安街北侧红墙。河道全长约510m，水面宽12m，水深1.5m至2m，4座精心设计、形态迥异的人行桥横跨两岸。整个公园的绿化率达到65%，因势保留了60余棵大树，统一进行了滨水绿化设计。新种植乔木800棵，灌木20000余株，花卉及草本植物2万余株（丛），还有大量的草坪植被。其中，香蒲、芦竹、芦苇、睡莲、水葱、千屈菜等10余种野生植物也是难得一见。此外，将绿化与复建部分古迹相结合，设计营造了"红墙怀古"、"菖蒲逢春"、"东苑小筑"、"天光云影"等景致。

北京国际雕塑公园

BEIJING GUOJI DIAOSU GONGYUAN

  北京国际雕塑公园位于长安街西延长线石景山区玉泉路口西南侧。公园是一处集雕塑艺术欣赏、研究、普及和休闲、娱乐、旅游等功能为一体的综合性园林。园内,来自40多个国家及地区的200余件优秀雕塑、浮雕、壁画作品疏离相间、布局巧妙地融于层次丰富、绿荫浓郁、花团锦簇的植物之中,营造出"半园绿韵玉泉醉,一街风景长安迷"的优美景观。

  北京国际雕塑公园总面积40hm^2,分为东、中、西三区。公园一期工程东区部分始建于2002年3月,当年9月建成开放。2003年2月,二期工程中区及西区部分开始兴建,9月建成开放。东区为城市广场区,以城市景观承启市内的都市氛围,西区为自然山水区,以自然景观呼应西部燕山风光;中间由地下艺术长廊相连,和谐地完成城市与乡村的过渡。

元大都城垣遗址公园
YUANDADU CHENGYUAN YIZHI GONGYUAN

  北京建都（金中都）至今已有830多年的历史，而元大都土城始建于1267年，距今700余年，是当时世界上最宏伟、壮丽的城市之一。公园于1957年被列为市文物古迹保护单位，并于20世纪80年代开始规划设计形成了初步的绿化格局。

  元大都城垣遗址公园全长9km，分跨朝阳和海淀两大区，宽130～160m不等，总占地面积约113hm^2，是京城最大最长的带状休闲公园。小月河宽15m，贯穿始终，将绿带分为南北两部分。两个区于2003年2月2日同时开始整治，于2004年10月1日完工。

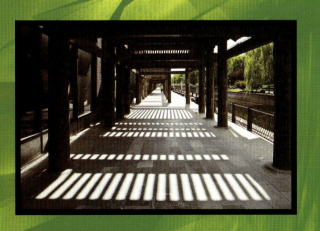

明城墙遗址公园
MINGCHENGQIANG YIZHI GONGYUAN

  北京明城墙遗址公园位于市中心地域,东起城东南角楼,西至崇文门,总面积约15.5hm^2,其中城墙遗址及城东南角楼占地3.3hm^2,绿地面积12.2hm^2。

  历史上明城墙全长40km,距今已有580多年的历史。现存的崇文门至城东南角楼一线的城墙遗址全长1.5km,是原北京内城城垣的组成部分,是仅存的一段,也是北京城的标志。其城东南角楼是全国仅存的规模最大的城垣转角角楼,始建于明代正统元年(公元1436年),是全国重点文物保护单位。

  公园运用简洁的设计手法,突出展现城墙的残缺之美。以保护城墙为出发点,以展示古城墙的真实面貌为目的,为市民提供了一处清静、自然、古朴、苍凉的环境。公园内结合城墙遗址自然面貌和各绿化景区的风格特点,由西向东依次建成"老树明墙"、"残垣漫步"、"古楼新韵"、"雉堞铺翠"等景观,历史悠久,内涵丰富,充分展现古都明城墙的文化内涵和历史风貌。

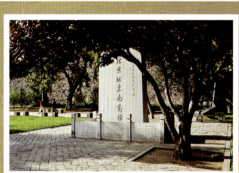

北二环城市公园
BEIERHUAN CHENGSHI GONGYUAN

　　北二环城市公园位于北京北二环从旧鼓楼大街到雍和宫桥南侧一段，占地面积约5.4万m^2，是北京最窄的城市公园。

　　这座城市公园最突出的设计理念便是对古城的文化性修复。出于和周边环境相协调的考虑，城市公园全长2km，宽度却仅有25m，如同一条狭长的绿飘带，尽力追求人与自然和谐的效果。整个城市公园全部按照传统建筑方法进行设计施工，房屋所用材料和施工工艺全部体现了北京民居的传统风貌。公园内南侧的古建一条街排列着36个院落及单体建筑，总占地面积6800m^2。这些古建包括四合院、门楼、小庙、围墙等，体现了不同时期、不同风格北京民居的传统风貌。

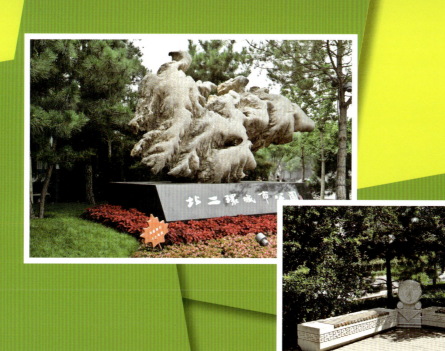

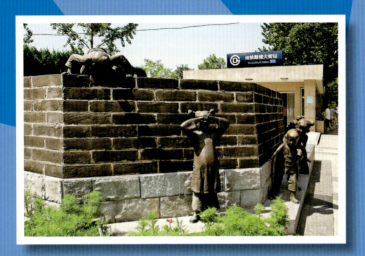

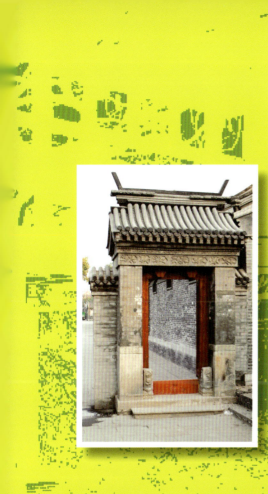

奥林匹克森林公园
AOLINPIKE SENLIN GONGYUAN

　　奥林匹克森林公园是北京奥林匹克公园的重要组成部分。公园占地680 hm^2，是北京最大的森林公园。整个园区以五环路为界，分为南北两园，南园是山、水相间的生态森林公园；北园是以自然、生态、绿色景观为主的、可持续发展的生态地带。整个公园将中国古典造园艺术、现代景观设计理念和生态环保技术相结合，从节水节材、节能降耗、物质循环等方面创造出多项生态科技成果，实现了"绿色奥运、科技奥运、人文奥运"三大理念。